目 录

第一部分 故事篇 / 2

第二部分 游戏篇 / 20

第三部分 五花八门 / 36

我是乔治，我出现在书中的各处，准备和你一起阅读。

长故事

售卖时间的小大人儿

文本：樊尚·雅多　绘图：塞巴斯蒂安·穆尔兰

并非所有的小东西都是迷人的。

只要把菲莱蒙·特瑞皮纳尔的这个故事讲给你听，就足够说服你了。他是一个永远不会奔跑的孩子，他的脸看上去就像一个悲伤的表盘，架在他小小的身躯上。这个大胆而果断的孩子做出了一个可怕的决定：让时间停留在他10岁那年，他不想再长大。

那一天，他的父母没收了他所有的玩具，为的是他今后不再浪费时间，能为未来做些打算。为了提醒他时间的宝贵，也为了安抚他的情绪，父母想了个好办法：送给他一块天价的手表。

从那天起，菲莱蒙一直把自己锁在房间里捣鼓各种各样的东西，一点也不浪费时间去偷懒、乱想、睡觉……

就这样，他创造发明了许多富有想象力和创造性的物件，比如时间售卖机、鼻夹报警铃、喷洒冰水的手表、靠电池来运作的开眼器……尽是些稀奇古怪的东西。

可是没有人对他的这些发明感兴趣。他的父母每次都被他气得摔门而去。

于是，他有了一个鬼主意。

他发明了一些手表、闹钟、座钟……这些钟表的表针在娱乐和休息的时候走得特别快。相反，在上课和上班的时候，却走得相当慢！

他把他的伟大发明介绍给了校长和厂长。大家猜猜结果如何？推销十分成功！

学生们、雇员们竟毫无察觉，他们变得很疲惫，脸上的笑容越来越少，但是他们不愿意浪费时间去偷懒、去睡觉。菲莱蒙成了暴发户，但他却一点也不开心。

直到有一天……有个叫马迪罕·菲塞尔的孩子在10岁那年发现了这个可怕的秘密。

那是一个阳光明媚的周一。

他目不转睛地盯着教室里的挂钟。整个课间，秒针就像奔跑的小马向前疾驰，可是到了上课的时候，秒针竟然慢了下来……他怀疑自己是在做梦！他无法用自己的手表核实时间，因为很久之前，为了能异想天开地做梦，他把手表上的表针拔掉了。

他决定为此做点什么，他打算进行一次调查，成为此次事件的英雄人物。他心想：人们总不能惩罚英雄吧。他开始寻找这个挂钟的品牌标志……菲莱蒙·特瑞皮纳尔！

他找到了菲莱蒙的住址，一放学就跑去了。那是一幢蓝色的小房子，他来到一扇小小的蓝色房门前。

敢于行动就是另外一码事。

马迪罕原本是希望时间能停止的。带着一点点小紧张，他按响了门铃。门打开了，开门的是一个小孩，面容却异常苍老。屋里的电视在播放孩子们爱看的动画片。开门的这个小大人儿看起来有点窘迫，因为被不速之客抓了个现行。

马迪罕走到菲莱蒙跟前，在他耳边说了几句话，还把一个小东西塞进了他的手里。菲莱蒙勉强笑了笑，他一向是不愿意笑的。

伦 敦
巴 黎
纽 约
墨西哥

咻咻!

后来，马迪罕就告辞了，菲莱蒙目送他离开，接着就发生了奇怪的一幕……

马迪罕停下脚步，回头望去，看到菲莱蒙已经长高了，长到一个成年人的身高！可衣服没有随之变大，所以这个年轻人看起来很滑稽，穿着如此短小的衣服……他们俩相视而笑。

菲莱蒙的愁容渐渐舒展开来，眼睛也开始噼里啪啦地放光，他骄傲地举起手，马迪罕那只没有表针的手表就戴在他的手腕上。

没有人再见过菲莱蒙，也没有人知道马迪罕在他耳边说了什么。但是从那天起，人们又有了时间去闲逛、做梦、睡觉……

完

访谈

罗伯特·霍塔德受访记

文本：樊尚·雅多　绘图：塞巴斯蒂安·穆尔兰

乔治约见了罗伯特·霍塔德，他在《售卖时间的小大人儿》中扮演菲莱蒙·特瑞皮纳尔。在这个故事中，他从一个小男孩变成一个小大人儿，又从一个小大人儿变为一个成年人……让人迷茫、不知所措！

您几岁了？

罗伯特　我曾以为自己10岁，但是听了这个荒诞的故事之后，我有点疑惑了……我没有了时间的概念。

确实，您的外表随着剧情在变化……看着自己变老，您感到奇怪吗？

罗伯特　啊，您觉得我老了吗？！没有人敢对我这么说！您不知道有一种抗皱纹的面霜吗？

不，我不是这个意思……但是既然您如此焦虑的话，为什么不找塞巴斯蒂安·穆尔兰（《售卖时间的小大人儿》绘图者）把您的皮肤画得跟桃花一样鲜嫩呢？

罗伯特　我试着找过他，但是他并不想和我谈论这些，甚至我还提出送他一块手表。

回到《售卖时间的小大人儿》中您扮演的角色，他可不是一直都很友善……扮演好人和扮演坏人，哪个更难啊？

罗伯特　我对扮演迷人的王子不感兴趣！我更喜欢扮演坏人，扮演一个真实的人。菲莱蒙这一角色，结局时他变成好人了，反而让我有点失望。

观众们想知道马迪罕究竟在他耳旁说了些什么，让他突然改变了主意……对此您有什么看法？

罗伯特　这是一句能让听到的人自动长高的咒语。可是，不幸的是，我发过誓不能说出来。无论如何，效果是立竿见影的，您已经长这么高大了！

您对其他人用过这句咒语吗？

罗伯特　仅用过一次，对一位小个子的朋友，他只能扮演小精灵。

您现在有什么计划吗？

罗伯特　目前还没有合适的坏人角色可以扮演。我决定学习成为一名钟表匠。

这么说来这个故事改变了您的生活？

罗伯特　我长高了几十厘米，更重要的是，大脑也继续成长了。

我对扮演迷人的王子不感兴趣！

邦比和高里

宝贵的时间

文本与绘图：玛丽·诺维昂

我来看看……
马上把它
还给我！
这是一首
诗……真
无聊！
快点还给我！
你说一个侦探会怎么
看待诗？
我写的是
刚刚发生
的事。
为什么你要写这些叫人心
酸的事情？这根本没用！
你才是百
无一用。
你什么都
不懂！
哦，下午4点
30分……
你在写一首关
于“下午茶”
的诗歌？
当然是这样的！
邦比侦探！
应该释放我内心的激
情，它们都快让我的
心脏爆炸了……
哦，美丽的4点
30分，正值美
妙的下午茶时刻
今早自从喝完我的早餐奶之
后，我就光想着这些令人心
酸的事了。
哦，宝贵的4点30分，我将在夜晚梦见
自己美美地享用所有的饼干和蛋糕。
完

手表

文本：樊尚·雅多　绘图：塞维里·米耶

听到“几点了？”这个问题，人们通常会扭一下手腕，看一下手表。从何时起，人们开始做这个动作的？

如果有一个机器能够让时间倒流，我们就可以回到过去。那时候，人们为了知道时间，就要看一眼阳光下的那根晷针，人们通过观察它投射下的阴影来判断时间。这个就是日晷。漏壶和沙漏这两种计时器跟日晷一样，它们都不能戴在手腕上。

后来，人们发明了机械钟。早期的钟表走时精度较差，不过很实用，尤其对于修士而言。正如一首法国儿歌里唱的：“雅克修士，雅克修士，快起床，快起床。敲响晨钟，敲响晨钟，叮当咚，叮当咚。”

几个世纪以来，制表师们成功地缩小了钟表的个头，最终使得钟表小到可以放置在桌上。如此一来，匆忙的富商们就可以坐着马车，史无前例地带着钟表东奔西走。后来，男士们用一根表链连上钟表，将其放在衣兜里贴身带着，而女士们则用项链把钟表挂在了脖子上。

1812年，著名制表师宝玑制作了一块腕表献给拿破仑的妹妹——那不勒斯的王后卡罗琳。她是多么幸运！这可是历史上最古老的腕表之一啊！

当时的手表很精致，但是还做不到准确报时。不过，它精美的外表足以让人们不去计较它是否准点了……据说人们还把腕表设计成了一种隐秘的武器应用在战争中。1870年，德国的海军军官们在战争中曾佩戴使用。这是一段鲜为人知的故事。

巴西富翁桑托·杜蒙为人高调。他的照片经常登上报纸头条。他与明星交往，出入时髦的餐馆。不过他也是个不折不扣的发明家，花费了大量的时间去创造发明，还亲自去测试自己发明的东西，比如热气球和飞机等。

1906年，杜蒙创造出被国际航空联合会所承认的第一个直线飞行速度纪录。对于这个巴西人而言，时间就是生命：他必须掌控飞机的可持续飞行时间，特别是对燃料的把控。为此，他要时不时地掏出放在口袋里的怀表查看时间，可这样既不方便，又极其危险。下了飞机之后，他把这个问题告诉了他的朋友路易·卡地亚（著名的珠宝商和钟表匠）。于是，卡地亚研发了报时精准、别致耐用的手表。这款手表采用皮革表带，表芯透明可见，很有质感，至今仍畅销不衰。

第三回

嫌疑人

人们发现吉内特在一棵大树上，身上涂满了果酱。在侦探比尔·博莱询问目击证人的过程中，翻翻找到一个线索：发现一个名叫罗伯的人的胸牌，该人是基尔希樱桃果酱厂的员工。

文本与绘图：玛丽·米尼奥

经过长时间的询问之后，罗伯最终开始交代了。
吉内特是个爱管闲事的好事者……
她发现了我们配方的秘密。
经理要我把她带来工厂，所以我前往她家，把她给绑来了。
那么，地上的果酱是你留下的……
在工厂，经理恐吓她不准说出果酱的配方……
而她趁我们稍不留意就逃跑了。
在逃跑的过程中，她滑倒了，跌进了果酱池里。
扑通！
我把她捞上来时，她已经晕过去了……
那后来她是怎么到树上去的呢？
经理见状，心烦意乱，命令我带上她乘坐果酱厂用来打广告的热气球，然后想办法让她消失。
在森林上空，我把她丢了下去。
正是在那时候，你弄丢了你的胸牌！
对，肯定是那个时候！
嗯，那一切都能解释通了！
但是，这个配方又是什么呢？它为何如此神秘？
丁零零零零！
头儿，吉内特醒过来了！
未完待续
请在“鸟”主题的分册中阅读下一回。

第二部分 游戏篇

■ 游戏1 ■

嘀嗒！

绘图：法国创意插画工作室 Cruschiform

在这两幅图中，除了表盘上的时间不同，乔治还发现了一些不同的细节，请你对比这两幅瑞士布谷鸟挂钟图，找找不同之处吧。

A. 找出这两幅图中除了表盘以外的13个不同之处。

这个挂钟为什么叫布谷鸟呢？

B. 选出正确的答案：

1. 因为它的发明者很喜欢这个钟表，每次见到它就会“布谷……布谷”地跟它打招呼。

2. 因为钟表模仿了布谷鸟的叫声。

布谷鸟挂钟是用表针来表示时间的。有的钟表只用数字来表示时间。

C. 请涂画数字来表示两个布谷鸟挂钟上的时间。

例子：14点28分 14:28

左边的布谷鸟挂钟：

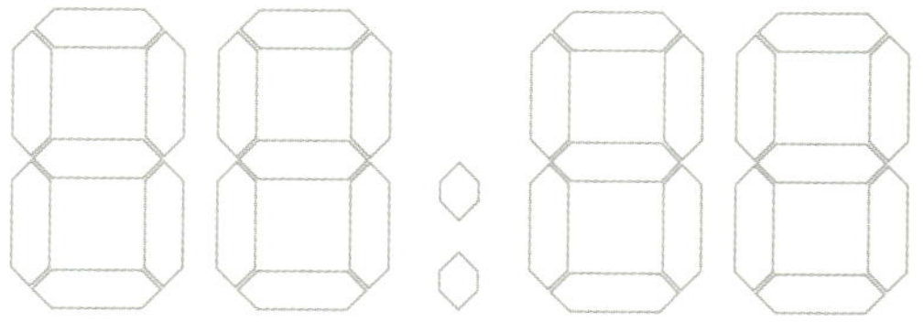

右边的布谷鸟挂钟：

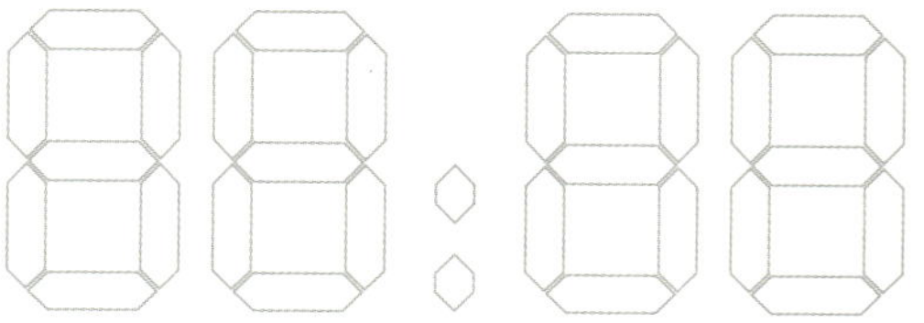

乔治常常会用到一些与时间相关的表达。

D. 给如下与时间相关的表达选择对应的解释。

1	2	3	4	5	6	7
e						

他常说：

1. 稍等一会儿！
2. 马上。
3. 与时间赛跑。
4. 不着急。
5. 心里细数着每一分钟。
6. 现在是用餐高峰期。
7. 定个时吧。

解释：

a. 为了能准时，应该迅速一点。

b. 觉得时间很漫长。

c. 现在饭店里的人很多。

d. 不慌不忙。

e. 不要那么快！

f. 很快。

g. 在确定的时间里。

■ 游戏2 ■

会“说话”的钟

绘图：安东尼 · 查理罗

崔姬是乔治的姑奶奶，她生活在英国首都伦敦。伊丽莎白塔是这个城市最有名的景点之一，俗称大本钟，实际上它是一个嵌有巨型钟表的钟楼。

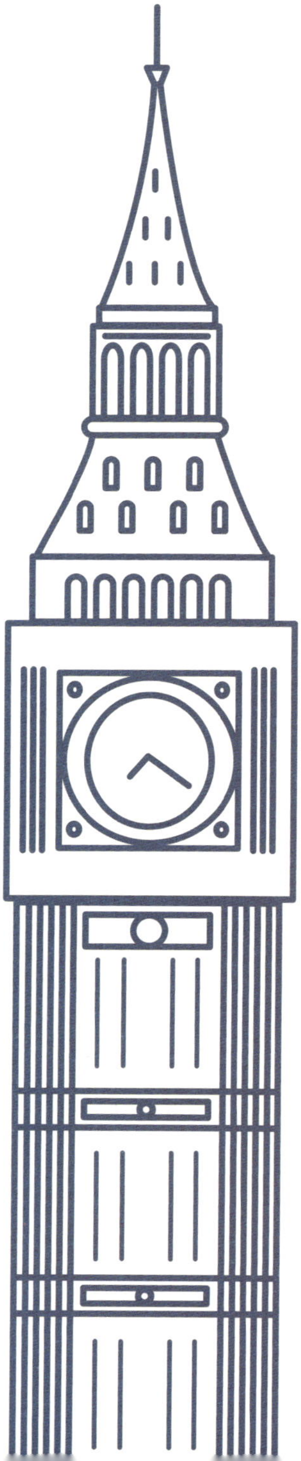

A. 填入以下数字，完成这段话。每个数字只能用一次。

4 / 4.26 / 95 / 1859

伊丽莎白塔建成于______年，高______米。它有______面巨型的表盘，人们在建筑的任意一面都能看到时间。巨大的表盘配着巨大的表针，比如说，分针长约______米！

B. 表盘上表示钟点时间的是一些罗马数字。请你按照正确的顺序，把它们写在右边表盘上合适的位置。

II / XII / IV / VIII / III / IX
VI / X / V / XI / I / VII

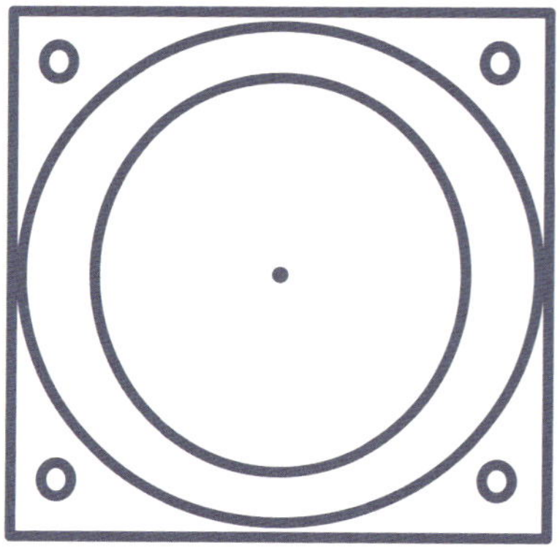

C. 请在右侧的表盘上画上表针，表示出此时此刻你玩这个游戏的时间。

D. 乔治不知道大本钟名字的由来，于是他问了崔姬。崔姬说这可能跟两个人物有关。请你根据下面每个方块图案所代表的字母，拼出下一页的图案线索中隐藏的这两个人的名字。

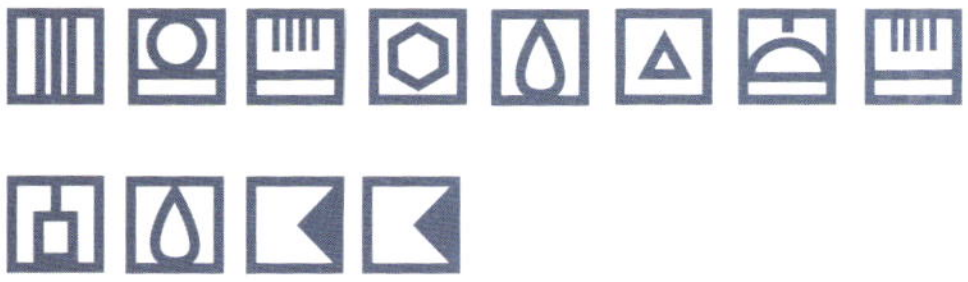

一位参加了大本钟铸造的
高个子工程师。

一位当时著名的拳击手，能赤手空拳地搏击。

E. 请你给这两个人物涂上颜色吧。

■ 游戏3 ■

叮！手工时间到了！

设计者：让-大卫·曼斯鲁

所需材料：

剪刀、胶水、透明胶带。

1. 剪下闹钟的主体（在下一页），同时剪开上面的4条黄色线。
2. 折叠闹钟主体的不同部位。
3. 从粘贴片a、b、c开始粘，然后粘好粘贴片g、f、e。接着粘好粘贴片k、j、i，最后粘好粘贴片l、m和n。
4. 把闹钟主体的下半部分和粘贴片h、o粘在一起，然后粘好粘贴片d。如果这部分不好粘贴，你可以用透明胶带加固。
5. 剪下手提环和响铃。
6. 将手提环和响铃沿中间的虚线向内对折，再沿虚线向外折叠下半部分。
7. 将手提环粘到粘贴片q上。然后将一个响铃粘到粘贴片p上，将另一个响铃粘到粘贴片r上。
8. 这样闹钟就完成了，但是不要期待它明早叫醒你哟！

第6步完成后的样子

响铃

闹钟的主体

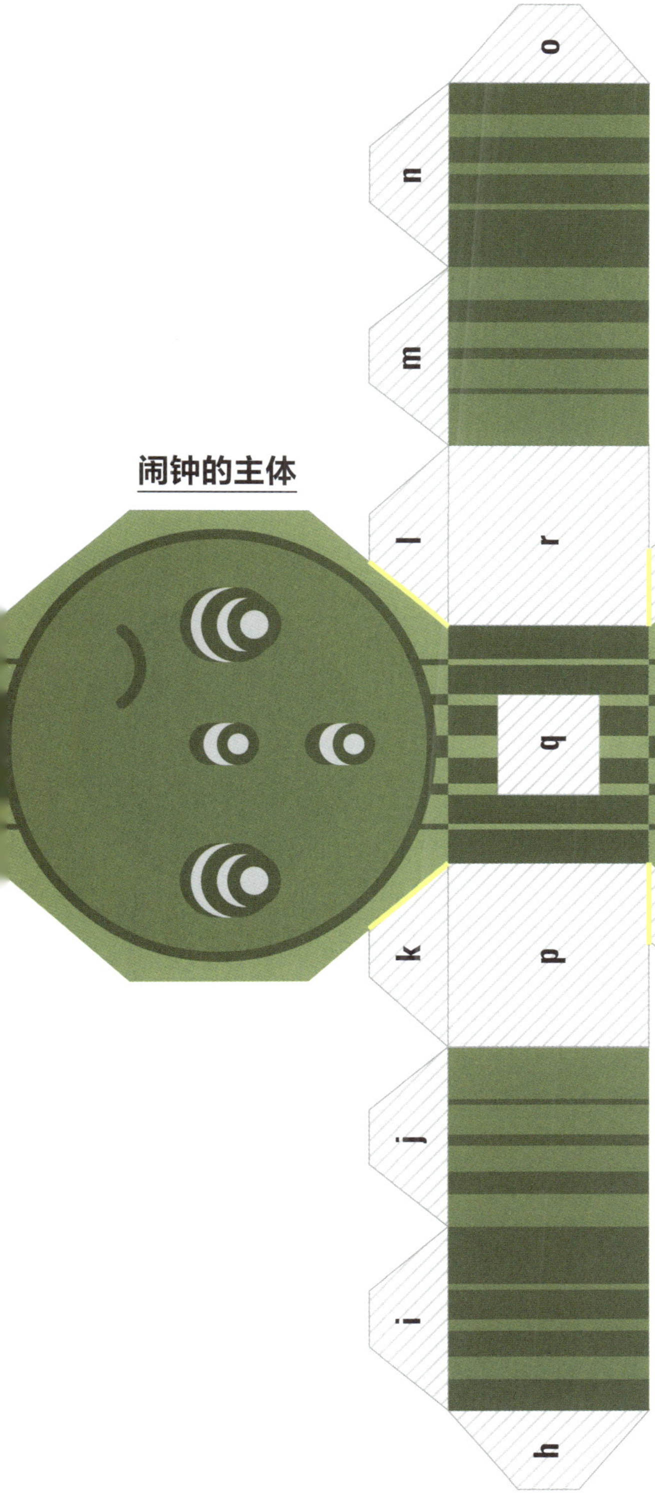

闹钟的手提环

小朋友们，
继续游戏吧！

■ **游戏4** ■

清空手提包

绘图：安东尼·查理罗

乔治的朋友西蒙娜十分忙碌。她会在手提包里放一些卡片，下面的卡片中有些是她在2月29日星期一那天要做的事，请你帮她把日程安排整理在旁边的记事本中吧。

2月29日 星期一 记事本

8点 ……

9点 ……

10点 ……

11点 ……

12点 ……

13点 ……

14点 ……

15点 ……

16点 ……

17点 ……

18点 ……

19点 ……

20点 ……

21点 ……

22点 ……

■ 游戏5 ■

到站停车

绘图：劳罕·莫宏

乔治看着下面这个从南锡到贝尔福的列车时刻表，他才明白：

1. 有一些火车不是每天都运营的。

2. 有些火车途经城市，但不是逢站必停。

城市名及火车经过该城市的时间	列车	2701号列车	2207号列车	1901号列车	1805号列车
	运营周期	周一至周五	周二至周六	每天	周六
	南锡	6:05			
	埃皮纳勒	7:09			14:35
	班莱班	7:33			14:54
	艾尔维勒斯	7:46			15:07
	沃苏勒		8:14	12:39	
	尚巴内		8:44	13:10	15:46
	巴-埃韦特		8:51	13:17	
	图瓦县		8:57	13:23	
	贝尔福	8:32	9:00	13:26	15:58

A. 借助上面的列车时刻表，请回答乔治提出的下列问题。

a. 如果我周四11:50到达沃苏勒，请问我最早几点能到达图瓦县站？

______

b. 要在某个周六的13:00之前到达贝尔福，请问我要几点从尚巴内出发？

______

c. 如果我想周日从埃皮纳勒出发去巴-埃韦特，请问能顺利到达吗？

______

d. 哪一趟列车周一经过班莱班？

______

B. 下面给出了15个英文单词，其中有14个藏在表格中，请你从任意方向找出这些单词，并用红笔圈出那个表格中没有的单词。

Q	W	E	R	F	U	T	U	R	E	T	Y	U	I
G	S	E	C	O	N	D	H	J	K	L	P	O	S
D	U	G	F	S	D	A	Y	H	M	B	T	V	U
M	N	T	R	E	W	E	Q	Z	X	A	I	C	N
I	Y	U	I	W	A	T	C	H	O	F	M	P	D
N	A	S	D	R	D	F	G	L	A	T	E	H	I
U	J	K	T	L	M	B	V	C	X	E	Z	Q	A
T	W	H	E	R	T	Y	Y	E	A	R	Y	U	L
E	A	S	D	F	G	H	J	K	L	M	O	P	I
F	R	B	A	L	A	R	M	T	R	H	O	U	R

FUTURE

SECOND

SUN

MINUTE

DAY

EARTH

WATCH

CLOCK

YEAR

ALARM

HOUR

AFTER

LATE

TIME

SUNDIAL

■ 游戏6 ■

超级计时器

绘图：迈克尔·德瑞尔

有一天，乔治在运动场与4个朋友会面，他的朋友们刚刚进行了一场跑步比赛。

根据每个跑步者的自述，请写下他们比赛所用的时间。

- **高菲（132号）：** “第一名比我快了30秒钟！” **132号：**
- **普罗斯佩（67号）：** “我比马亚尔慢了1分钟！” **67号：**

- **马亚尔（117号）：** “我刚刚用了180秒钟！”
- **伊冯（22号）：** “我比普罗斯佩快一点，我们相差2分钟！”

117号：

22号：

■ 游戏7 ■

时空旅行

绘图：玛蒂尔德 · 瓦莱罗

在奥迪尔夫人的店里，乔治发现了一大堆测量时间的物品，有一些是他从未见过的。

A. 给以下计时仪器选择相对应的描述，并从下一页选出相对应的图示。

- 日晷：b
- 蜡烛钟：____
- 秒表：____
- 漏壶：____
- 香钟：____
- 挂钟：____
- 摆钟：____
- 手表：____
- 怀表：____
- 闹钟：____
- 沙漏：____

定义：

a. 能按指定时刻发出声响的时钟。

b. 在古代，人们利用日影测得时刻的一种计时仪器。

c. 靠摆锤来控制其他机件的钟表。

d. 戴在手腕上的表。

e. 中国古代的一种计时工具，通过香的燃烧来计时。

f. 装在衣袋里随身使用的表，一般比手表大。

g. 一种挂在墙上的钟表，有的会发出报时声响。

h. 古代一种计量时间的器具，以沙从一个容器漏到另一个容器的数量来计量时间。

i. 测定较短时间间隔的仪表，广泛用于科学研究、体育运动等方面。

j. 根据燃烧的长度来计算时间的蜡烛。

k. 古代利用滴水多寡来计量时间的一种仪器。

B. 找出下图展示的每个零件分别属于店里的哪个物件。

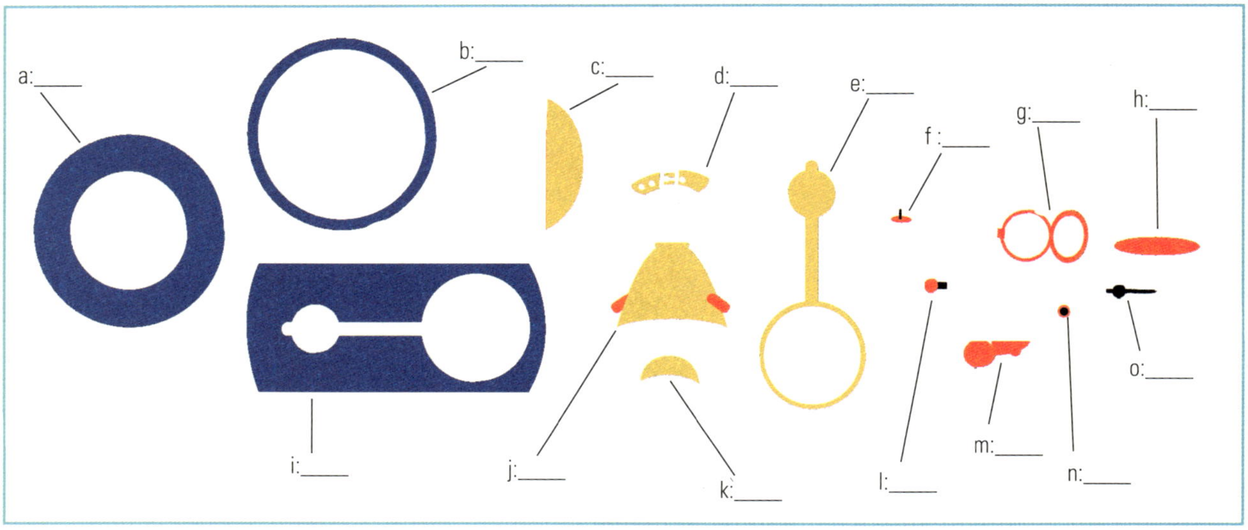

嘀嗒精品店
1
2
3
4
5
6
7
8
9
10
11

■ 游戏8 ■

时差

绘图：卡塔琳娜·索布拉尔

乔治想知道什么是时差。

A. 读一读下面这段话，有助于理解什么是时差。

全球分为24个时区。同一时区内的时间是相同的，不同时区内的时间是有差别的。

奥哈斯维尼、艾克、萨库拉和吉安侃是乔治的四位朋友，他们都生活在国外的不同城市，并且所在的国家各不相同。

B. 借助表中提供的信息，当法国时间是0点、12点、18点时，请计算出乔治的朋友们所在的地方此时是几点。

奥哈斯维尼

艾克

萨库拉

吉安侃

	法国0点	法国12点	法国18点
奥哈斯维尼生活的地方，现在时间比法国早4小时30分钟	4:30		
图片	第10张	第　张	第　张
艾克生活的地方，现在时间比法国晚6个小时			
图片	第　张	第　张	第　张
萨库拉生活的地方，现在时间比法国早8个小时			
图片	第　张	第　张	第　张
吉安侃生活的地方，现在时间比法国晚4个小时			
图片	第　张	第　张	第　张

C. 根据这张时间表，想象一下他的朋友们在这些时间点各自都在做什么，并找出相对应的小图片，将其序号填到上面的表中。

D. 有一些国家很大，横跨多个时区，请圈出这样的国家。

- 俄罗斯
- 美国
- 卢森堡
- 澳大利亚
- 加拿大
- 波兰
- 法国

1
2
3
4
22:30
5
6
7
8
9
10
04:30
11
12

钟表匠

文本：樊尚·雅多　绘图：斯特凡妮·拉纳

乔治的闹钟坏了，约会要迟到了……乔治气喘吁吁地赶去见勒内，勒内是位钟表匠，他可准时啦。

小时候，你梦想的职业是什么？

勒内　小时候的梦想，我已经记不太清楚了。但是青少年时期，我醉心于当个化学家。

你在多大的时候拆卸了第一块钟表？

勒内　我的家族里有不少人从事钟表行业。我妈妈就在钟表店当过售货员，她经常带回钟表让我修理。我是个喜欢捣鼓的人。对我来说，拆卸钟表，了解它的工作原理，再重新组装起来是件十分有趣的事情。

于是，后来你就成了钟表匠？

勒内　不，我从事的是特殊教育的工作。我帮助那些身体不便的人，尽可能给他们创造更多的方便。

你是从何时开始从事钟表行业的呢？

勒内　瑞士是钟表匠人的天堂。我在那里工作了35年。在此期间，我遇到很多业内的行家，正是他们鼓励我从事钟表修理这一行业。

然后你就放弃了你的教育事业？

勒内　没有立即放弃，有好几年的过渡期，我趁闲暇时在家里修理钟表。后来，我还上了日内瓦的一所钟表业学校。

之后呢？

勒内　之后我回到了法国，然后开了自己的店。

在钟表行业中，最令你着迷的是什么？

勒内　发现、拆装一块精美的机械表。机械仪器的细节别具匠心，吸引我深入去挖掘制表师的“小秘密”。为了最终能复原一块精美的手表，真得经过一番努力呢。

钟表匠需要具备怎样的素质？

勒内　耐心、细致、镇静，工作时手千万不能抖动。有些人不得不把手放在热水中，迫使自己放松双手，以利于在工作台上全神贯注地持续“作战”好几个小时。

你能给我的手表换一下电池吗？

勒内　我只修理那些不用电池的机械表。

你自己戴的是哪一款手表？

勒内　我偏爱古老的机械表。我也会戴自己组装的手表。

你会给那些有志于成为钟表匠的孩子提什么建议呢？

勒内　保持好奇心，去尝试拆卸旧的机械表、旧的钟，然后尽可能地将它们复原。

科学实验室

日晷

绘图：斯特凡妮·拉纳

乔治想教你制作一个日晷。不需要太多的材料，但是想要日晷发挥作用，需要两个要素：时间和太阳。

材料：

- 1把剪刀
- 1块硬纸板
- 1支铅笔
- 4颗长钉（备用）
- 1把尺子
- 1根长棍子（也可以用铅笔）
- 1个闹钟

制作方法：

要进行本次实验，首先得找到一块平地，而且这里整天都有日照。

剪一块边长为25厘米的正方形硬纸板，在对角线相交的中心点，穿一个孔。

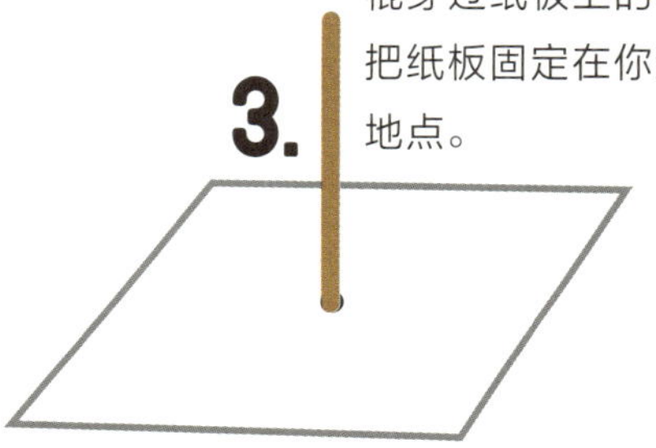

中午12点前，用一根小棍穿过纸板上的小孔，把纸板固定在你选好的地点。

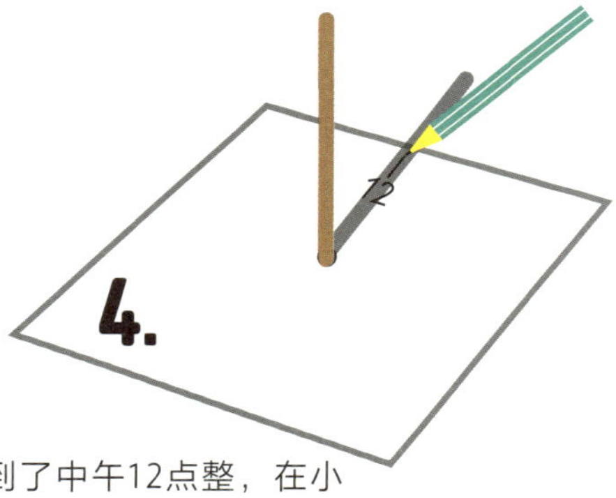

到了中午12点整，在小棍子投落在纸板上的阴影处做一个标记，写上数字12，和常规的时钟12点时指针所指的位置相同。

5.

为了保证纸板在此过程中不发生移动，我们可以用长钉子固定住纸板的四角，或用重物压住四角。接下来标记下午1点。

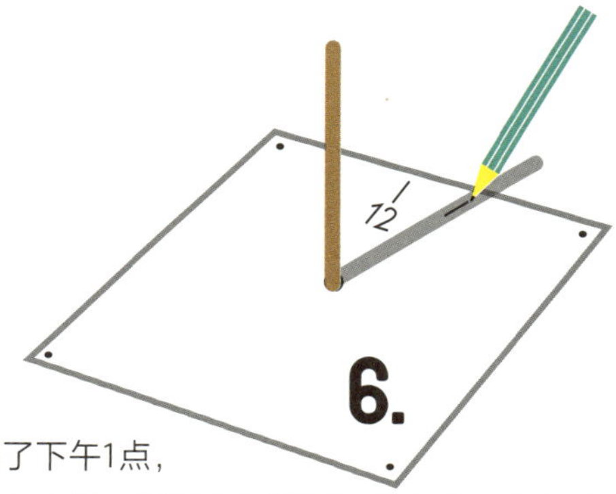

到了下午1点，顺着小棍子投下的阴影画一条细线，再标上数字1。以此类推，用同样的方法标记下午2点。

7. 每隔一小时重复此操作，可以用闹钟定时，以此来提醒自己。太阳下山后，你可能标记不了7点到11点，当然，这也取决于此时处于一年中的什么季节……无论如何，你需要在第二天的早晨7点前，赶到固定纸板的地方继续做标记，完成这个实验。（注意不要移动纸板哟！）

实验结果：

棍子的阴影整天都在移动。太阳在天空中的位置越高，棍子的阴影就越短。而太阳位置的变化是由地球的转动造成的。地球在自转的同时，也围绕着太阳公转。所以，根据一天中的时间，地球的某些部分被照亮，而其余部分则处在阴影中（黑夜）。

你迟到了……
对不起，我忘记看时间了……

回到未来

绘图：斯特凡妮·拉纳

现在，乔治为您介绍一部科幻影片《回到未来》。这部电影由罗伯特·泽米吉斯导演。

故事梗概：

1985年，一个年轻的高中生马蒂·马克费利和一个疯狂的科学家、搞笑派教授埃美·博朗成为朋友。一天晚上，教授建议马蒂测试一下自己的新发明——一辆时空穿梭汽车。但是实验出了点差错，马蒂发现自己回到了30年前，即1955年……

主人公：

马蒂·马克费利；

埃美·博朗（马蒂称他为博士）；

爱因斯坦（博士的狗）。

拍摄：

在一个深夜，马蒂在停车场和博士及其狗狗碰头。因为博士请他来拍摄自己的最后一次实验。

对话：

博士：（对着摄像机）晚上好，我叫埃美·博朗。我现在在双松购物超市停车场，（看了一下手表）现在是1985年10月26日凌晨1:18，第一次实验时间。（博士叫他的狗狗）爱因斯坦，来，快过来！上车！（爱因斯坦上了车，坐在座位上）坐好，系好安全带，就这样！（博士帮它系好安全带，摸了摸它）

马蒂：（朝汽车凑过去拍摄）好……

博士：（对着摄像机）你可以做证爱因斯坦的计时器和我的是完全同步的。（他向摄像机展示了他自己和爱因斯坦戴在脖子上的计时器，然后对马蒂说）对吧？

马蒂：对……

博士：好（博士取下汽车的遥控器），爱因斯坦，一路顺风，当心你的头！（博士关上了车门）

马蒂：（谈论这个遥控器）这个玩意儿是用来操控汽车的？

博士：（示意他观察汽车）你看着啊。

马蒂：哦，好的。（马蒂重新开始录制，博士启动遥控器，汽车开始动起来）天哪……（马蒂拿着摄像机转向博士）

博士：不要拍我，拍汽车！（博士重新开始操纵汽车，然后拉着马蒂稍微走远了一些）如果我计算精确，当这个小汽车跑到时速88英里[1]时，会有惊人的事发生！（他按动遥控器上的按钮，随着汽车轮胎发出的尖厉声，汽车朝前冲了出去）看，看这个！（汽车很快就消失了）吼吼！还记得我曾对你说过的吗？！（他欣喜若狂，跳了起来）时速88英里！车子消失了，在1点20分。

马蒂：（恐慌）天哪！爱因斯坦消失了！

博士：安静！我可以向你保证爱因斯坦和汽车都完好无损。

马蒂：（还是感到很惊讶）它们都去哪儿了呀？

博士：（还是很兴奋）你更应该问："哎呀，它们现在处在什么时空呢？"你看看，爱因斯坦刚刚成了第一只穿梭时空的狗，我把它送到了未来！

① 1英里≈1.6千米。

1955
1985

秒秒蛋糕

绘图：斯特凡妮 · 拉纳

下面是秒秒蛋糕的制作配方，这种蛋糕在1小时之内就能做成。它为什么叫秒秒蛋糕呢？因为它可以快速做好，当家里来了客人的时候，很快就能端上来给客人食用。

材料：

· 3个鸡蛋
· 175克面粉
· 1 包酵母
· 250克低盐黄油
· 250克糖粉

制作方法：

1.

把黄油切成小块放入碗中，静置至少半个小时。

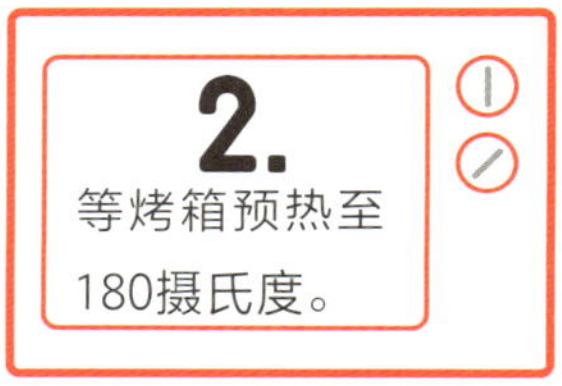

2. 等烤箱预热至180摄氏度。

3.

轻轻搅拌黄油，直到柔软。

4. 加入糖粉，继续搅拌，将混合液打发。

5.

加入蛋黄继续搅拌。（把蛋白放置在一边。）

6.

缓缓加入面粉和酵母。

7. 用搅拌器打发蛋白至干性发泡，也就是说提起搅拌器时，打发的蛋白出现挺立尖角。

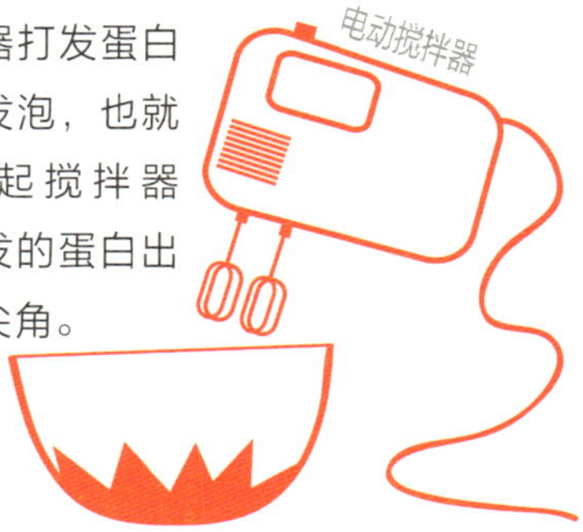

8.

将打发好的蛋白轻轻地分批放入事先准备好的混合液中，搅拌成泡沫状混合体。

9. 在模具上涂抹少量黄油，然后倒入准备好的泡沫状混合体。

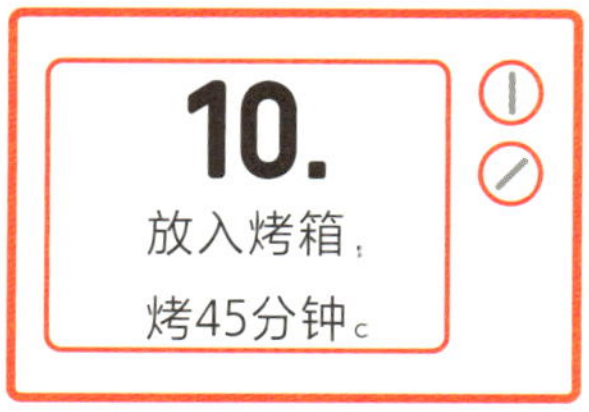

10. 放入烤箱，烤45分钟。

秒秒蛋糕

游戏答案

99

这就是封面和封底的7个不同之处：

游戏1 嘀嗒！

A. 参见右侧图（不同之处已用白色圈出来）。 **B.** 2。

C. 左边的布谷鸟挂钟：13:35。右边的布谷鸟挂钟：16:45。

D. 1：e。2：f。3：a。4：d。5：b。6：c。7：g。

游戏2 会“说话”的钟

A. 伊丽莎白塔建成于1859年，高95米。它有4面巨型的表盘，人们在建筑的任意一面都能看到时间。巨大的表盘配着巨大的表针，比如说，分针长约4.26米！

B. 参见右侧图。

D. Benjamin Hall 和 Ben Caunt。

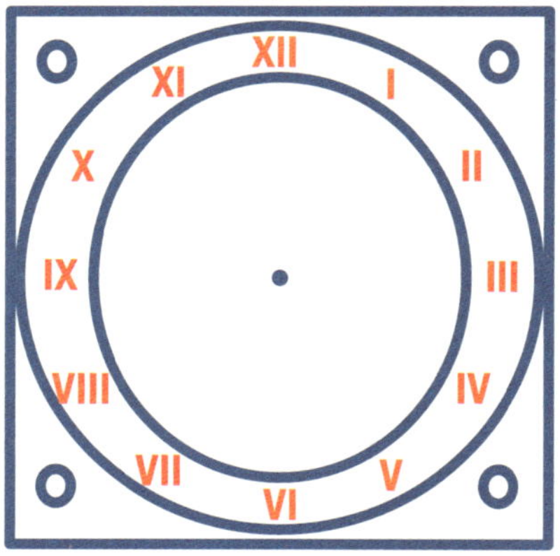

游戏4 清空手提包

以下是西蒙娜2月29日的日程安排：**9: 15**见牙医；**10: 30**购物；**11: 15**见修理工；**12: 00**到乔治家吃午饭；**14: 00**去取包裹；**15: 30**看电影；**17: 15**在公园约见丽莎；**19: 30**参加音乐会。

游戏5 到站停车

A. a. 可以乘坐1901号列车，最早13:23到达图瓦县站。b. 要乘坐2207号列车，8:44从尚巴内出发。c. 不能，因为周日没有从埃皮纳勒开出的列车。d. 2701号列车。

B. 藏在表格中的单词见下图，表格中没有的单词是CLOCK。

Q	W	E	R	F	U	T	U	R	E	T	Y	U	I
G	S	E	C	O	N	D	H	J	K	L	P	O	S
D	U	G	F	S	D	A	Y	H	M	B	T	V	U
M	N	T	R	E	W	E	Q	Z	X	A	I	C	N
I	Y	U	I	W	A	T	C	H	O	F	M	P	D
N	A	S	D	R	D	F	G	L	A	T	E	H	I
U	J	K	T	L	M	B	V	C	X	E	Z	Q	A
T	W	H	E	R	T	Y	Y	E	A	R	Y	U	L
E	A	S	D	F	G	H	J	K	L	M	O	P	I
F	R	B	A	L	A	R	M	T	R	H	O	U	R

游戏6 超级计时器

高菲（132号）：2分30秒。普罗斯佩（67号）：4分钟。马亚尔（117号）：3分钟。伊冯（22号）：2分钟。

游戏7 时空旅行

A. • 日晷：b
• 蜡烛钟：j
• 秒表：i
• 漏壶：k
• 香钟：e
• 挂钟：g
• 摆钟：c
• 手表：d
• 怀表：f
• 闹钟：a
• 沙漏：h

B. a：1。b：10。c：7。d：2。e：7。f：4。g：9。h：6。i：7。j：8。k：11。l：11。m：3。n：5。o：1。

游戏8 时差

B题和C题的答案参见右侧的图。

D. 俄罗斯、美国、加拿大和澳大利亚。

	法国0点	法国12点	法国18点
奥哈斯维尼生活的地方，现在时间比法国早4小时30分钟	4:30	16 :30	22 :30
图片	第10张	第8张	第4张
艾克生活的地方，现在时间比法国晚6个小时	18:00	6:00	12:00
图片	第2张	第6张	第12张
萨库拉生活的地方，现在时间比法国早8个小时	8:00	20:00	2:00
图片	第9张	第3张	第5张
吉安侃生活的地方，现在时间比法国晚4个小时	20:00	8:00	14:00
图片	第7张	第1张	第11张